BEI GRIN MACHT SICH IHR WISSEN BEZAHLT

Bibliografische Information der Deutschen Nationalbibliothek:

Die Deutsche Bibliothek verzeichnet diese Publikation in der Deutschen National-
bibliografie; detaillierte bibliografische Daten sind im Internet über http://dnb.d-
nb.de/ abrufbar.

Impressum:

Copyright © 2015 GRIN Verlag, Open Publishing GmbH
Druck und Bindung: Books on Demand GmbH, Norderstedt Germany
ISBN: 978-3-668-23817-6

Dieses Buch bei GRIN:

http://www.grin.com/de/e-book/324100/schulorientiertes-experimentieren-im-
chemieunterricht-mit-lebensmitteln

Christoph Höveler

Schulorientiertes Experimentieren im Chemieunterricht mit Lebensmitteln, Fetten, Kohlenhydraten und Proteinen

Durchführung, fachliche und didaktische Auswertung

GRIN Verlag

GRIN - Your knowledge has value

Der GRIN Verlag publiziert seit 1998 wissenschaftliche Arbeiten von Studenten, Hochschullehrern und anderen Akademikern als eBook und gedrucktes Buch. Die Verlagswebsite www.grin.com ist die ideale Plattform zur Veröffentlichung von Hausarbeiten, Abschlussarbeiten, wissenschaftlichen Aufsätzen, Dissertationen und Fachbüchern.

Besuchen Sie uns im Internet:

http://www.grin.com/

http://www.facebook.com/grincom

http://www.twitter.com/grin_com

Block 9: Lebensmittel, 11.12.2014

Inhaltsverzeichnis

Fette und Öle

Durchführungen

Fettfleckprobe

Löse ca. 1 mL Öl in ca. 3 mL Heptan und tropfe etwas von dieser Lösung auf ein Filterpapier. Tropfe auf ein anderes Filterpapier etwas reines Heptan. Trockne beide Papiere durch Schwenken an der Luft und vergleiche sie.

Überprüfe jeweils in einem Reagenzglas die Löslichkeit von Öl, Butter, Margarine und Schweineschmalz in a) Wasser, b) Ethanol und c) Heptan / Benzin. Tabelliere die Beobachtungen.

Heimexperiment

Verrühre in einer Glasschale zwei Esslöffel Salatöl und einen Esslöffel Essig und beobachte die Mischung. Füge einen Teelöffel Eigelb hinzu, rühre weiter und beobachte erneut.[1]

Lösen Sie in vier verschiedenen Reagenzgläsern je etwa 0,5 g Kokosfett und Olivenöl in Heptan. Geben Sie tropfenweise unter Schütteln Brom-Lösung zu (Hergestellt aus 0,1 mL Brom in 20 mL Heptan), bis die Bromfärbung bestehen bleibt. Vergleichen Sie die bis zur bleibenden Färbung benötigte Tropfenzahl zugesetzter Brom-Lösung bei den beiden Proben.[2]

Beobachtungen

Fettfleckprobe

Das Öl ließ sich gut in Heptan lösen. Beide Flüssigkeiten hinterließen einen nassen Fleck auf dem Filterpapier. Beim anschließenden Trocken verschwand der Heptan Fleck vollständig. Die andere Probe hinterließ einen deutlich sichtbaren Fleck auf dem Papier.

Löslichkeit von / in	Wasser	Ethanol	Heptan
Öl	nicht löslich	nicht löslich	gut löslich
Butter	nicht löslich	nicht löslich	löslich
Margarine	nicht löslich	nicht löslich	löslich
Schweineschmalz	nicht löslich	nicht löslich	schlecht löslich

Heimexperiment

Essig und Öl bildet ein Zwei-Phasen-Gemisch. Das Öl schwimmt auf dem Essig. Durch das Rühren vermischen die beiden Flüssigkeiten sich kurzzeitig. Es sind Öltropfen im Essig zu erkennen, die sich mit der Zeit wieder nach oben bewegen und dort eine Schicht bilden. Die Zugabe von Eigelb bewirkt ein durchmischen. Das Öl löst sich nun im Essig. Es sind kleine Eigelb-Stückchen zu erkennen, die sich mit der Zeit am Boden absetzten.

Die ersten Tropfen Bromwasser entfärben sich sowohl in dem Kokosfett- wie auch im Olivenöl-Heptan-Gemisch. Nach 11 Tropfen hört dieser Effekt beim Olivenöl auf. Die Lösung verfärbt sich braun. Nach bereits 7 Tropfen verfärbte sich die Kokosfett-Heptan-Lösung braun.

---

[1] Sek. 1, Seite 230
[2] Sek. 2, Seite 360

2

Fachliche Auswertung

Als Fett wird der Ester zwischen Fettsäuren und einem freiwertigen Alkohol, Glycerol, bezeichnet. Fette sind also Triglyceride. Fettsäuren verfügen über eine gerade Anzahl von Kohlenstoffatomen. Dies hat mit ihrer Entstehung in der Natur zu tun. Sie werden durch eine Aneinanderreihung von Acetyl-Resten synthetisiert, mithilfe des Acetyl-Coenzym A. Natürliche Fettsäuren sind zudem unverzweigte. Mögliche Doppelbindungen liegen meist in cis-Form vor. Trans-Fettsäuren sind in der Natur nur sehr selten und gelten als kanzerogen.

Fette weisen meist keinen festen Schmelzpunkt auf, sondern einen Schmelz- und Siedebereich. Dies liegt daran, dass in einem Triglycerid verschiedene Säuren gebunden sein können. Einsäurige Triglyceride sind sehr selten. Die Schmelztemperatur hängt nicht nur von der Kettenlänge der Fettsäuren ab, sondern auch von ihrem Gehalt an Doppelbindungen sowie der Stellung der Fettsäuren im Molekül. Die Stellungen 1 und 3 werden vorwiegend mit gesättigten Fettsäuren verestert, wobei Öl- und Linolensäure über alle Positionen verteilt sein können. Fette mit mehreren Doppelbindungen werden als für den Menschen essentielle Fettsäuren bezeichnet, da sie vom Organismus gebraucht, aber nicht in ausreichender Menge synthetisiert werden können.

Je mehr ungesättigte Fettsäuren im Molekül vorhanden sind, desto höher liegen die Schmelz- und Siedetemperaturen.[3]

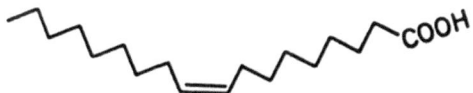

Dies C 18:1, ω-9 Kette ist Ölsäure. Die cis-Bindung bewirkt eine Winkelung in der Struktur. Dadurch reduziert sich die „Kontaktfläche" der Moleküle untereinander, was gleichbedeutend ist mit einer Abnahme der Van-der-Waals Kräfte.

Der Löslichkeitsversuch zeigt eine andere Eigenschaft von Fetten. Sie sind unpolare Substanzen. Zwar ist der Säurerest polar, doch durch die lange Kohlenstoffkette überwiegt deutlich der unpolare Charakter. Wasser sowie Ethanol sind polare Lösemittel. Hierin kann sich eine polare Substanz nicht lösen. Im unpolaren Heptan hingegen lösen sich Fette und Öle.

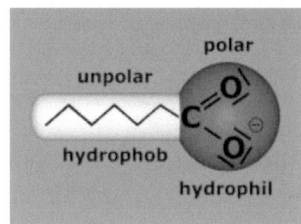

Die Fettfleck Probe beweist die hohe Siedetemperaturen die Fette benötigen. Das Wasser verdampft bei Raumtemperatur. Das Fett hinterlässt eine dauerhafte Spur.

Die Doppelbindungen in ungesättigten Fetten lassen sich mittels Bromierung nachweisen. Brom besitzt die Eigenschaft sich an Doppelbindungen zu addieren. Solange also eine Fettlösung die charakteristische Farbe des Broms verschwinden lässt findet diese Reaktion statt. Kokosfett besteht nur zu geringem Anteil aus ungesättigten Fettsäuren. Deshalb braucht es hier weniger Tropfen Bromwasser als Olivenöl, welches einen höheren Anteil an ungesättigten Fettsäuren aufweist.

---

[3] Vgl. Baltes, Seite 50 bis 54

$$CH_3 - (CH_2)_7 - \underset{\underset{H}{|}}{C} = \underset{\underset{H}{|}}{C} - (CH_2)_7 - COOH \; + \; I\overline{\underline{B}}r - \overline{\underline{B}}rI$$

$$\longrightarrow \; CH_3 - (CH_2)_7 - \underset{\underset{H}{|}}{\overset{\overset{I\overline{B}rI}{|}}{C}} - \underset{\underset{I\underline{B}rI}{|}}{\overset{\overset{H}{|}}{C}} - (CH_2)_7 - COOH$$

Ölsäure reagiert mit Brom zu 9,10-Dibromstearinsäure

Unpolare Öle bilden mit einem polaren Lösemittel wie Wasser oder Essig ein 2-Phasen-Gemisch. Um diese beiden Stoffe dennoch miteinander vermischen zu können benötigt man einen Emulgator. Das Lecithin im Eigelb ist ein solcher Emulgator. Es zeichnet sich durch einen polaren und einen unpolaren Teil aus.

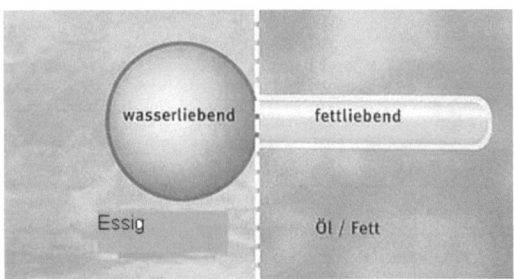

hydrophil **hydrophob** [4]

Dies ermöglicht das Verbinden der beiden Flüssigkeiten. Der Emulgator umschließt das Öl vollständig. Die unpolaren Schwänze reichen ins Fett. Die polaren Köpfe, welche hydrophil sind verbleiben im Essig. Hier eignet sich das Kugelstabmodell zur Veranschaulichung.

wasserliebend   fettliebend

Essig   Öl / Fett

Es bilden sich Micellen. Dies sind vollständig umschlossene Fetttröpfen, welche nun dank der Hydrophilen Außenschicht sich im Essig lösen.

---

[4] http://www.chids.de/dachs/expvortr/639/lecithine.htm, Zugriff am 14.Dezember

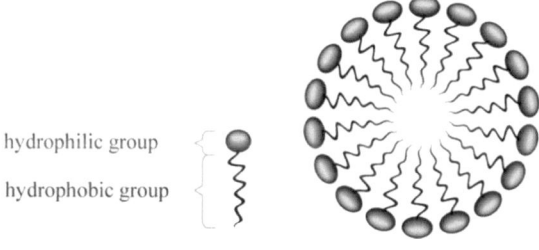

hydrophilic group

hydrophobic group

5

Didaktische Auswertung

Die Versuche zum Thema Fette und Öle passen in das Inhaltsfeld 8, Stoffe als Energieträger. Hier setzen sich die SuS intensiv mit den Kohlenwasserstoffmolekülen auseinander, lernen die wichtigsten funktionellen Gruppen der organischen Chemie kennen, lernen eine unpolare Elektronenpaarbindung kennen und wiederholen die Van-der-Waals-Kräfte. Zudem nutzt man den Einsatz von Katalysatoren und befasst sich mit Energiebilanzen.

Gerade die alltagsnahen Experimente motivieren die SuS zum selbstständigen forschen und fragen. Die Versuche zu der Löslichkeit dienen zum Einstieg in die Molekülstruktur der Alkane und deren Polarität. Über die Versuche zur Siedetemperatur werden hervorragend die Van-der-Waals-Kräfte thematisiert.

Diese Versuche dürfen und sollten von den SuS selbst durchgeführt und erlebt werden. Insbesondere der Versuch mit dem Emulgator wird einige überraschen und birgt viel theoretischen Input.

Die Fettfleckprobe kann als Einstiegsexperiment in den Themenbereich dienen, die Versuche zur Löslichkeit als Nachweisexperiment zum Thema Polarität.

Der Bromversuch darf zwar auch von den SuS selbst durchgeführt werden, birgt jedoch ein größeres Gefahrenpotenzial. Das Bromwasser darf maximal eine Volumenkonzentration von 5 % aufweisen.[6] Da er ebenfalls ein sehr genaues Arbeiten erfordert, sollte je nach Klasse dieser Versuch als Lehrer-Demonstration durchgeführt werden. Es ist ein klassisches Nachweisexperiment für Doppelbindungen in Alkenen.

---

[5] http://eng.thesaurus.rusnano.com/wiki/article1199, Zugriff am 14.Dezember
[6] Gefahrstoffliste

Eiweiße

– Versuche mit einer wässrigen Lösung von Eiklar (Eiweiß)

Durchführungen

Biuretreaktion

Geben Sie zu je 3 mL Lösung der oben genannten Stoffe je 1 mL Natronlauge, $c = 1\ \frac{mol}{L}$ und fügen Sie anschließend 10 Tropfen Kupfersulfat-Lösung, $c = 0,1\ \frac{mol}{L}$, hinzu.

Xanthoproteinreaktion

Geben Sie zu je 3 mL Lösung der oben genannten Stoffe je 4 mL konzentrierte Salpetersäure und erhitzen Sie vorsichtig.

Ninhydrinreaktion

Tupfen Sie auf ein Filterpapier mit einer Glaskapillare je einen Fleck aus Lösungen der oben genannten Stoffe. Besprühen Sie das Filterpaper mit Ninhydrin-Reagenz und erhitzen Sie es mit dem Fön.

Tyndall-Effekt

Füllen Sie 5 bis 10 mL Lösung der oben genannten Stoffe jeweils in eine flache Küvette und richten Sie den Strahl eines Laserpointers von der Seite in die Lösung. Betrachten Sie den Strahlengang.[7]

Beobachtungen

Biuretreaktion

Durch Zugabe von Kupfersulfat-Lösung färbt sich das Eiweiß-Natronlaugen-Gemisch lila.

Xanthoproteinreaktion

Die wässrige Eiweiß-Lösung flockt beim Erhitzen etwas aus und verfärbt sich gelb.

Ninhydrinreaktion

Noch während des Trocknen verfärben sich die zuvor eiweiß-nassen Stellen leicht violett. Der Rest des Filterpapiers zeigt keine Farbänderung.

Tyndall-Effekt

Der Verlauf des Laserstrahls ist deutlich zu verfolgen. In seinem Weg erscheinen kleinste Punkte hell aufzuleuchten.

---

[7] Sek. 2, Seite 378

Fachliche Auswertung

Eiweiße bestehen aus etwa 20 verschiedenen Aminosäuren. Aminosäuren enthalten als Charakteristikum eine Carboxyl- und eine Amino-Gruppe. Die Säuregruppe kann protonieren. Dieses Proton wird von der Aminogruppe aufgenommen, wodurch das gesamte Molekül zwar weiterhin elektrisch Neutral ist, es aber als Zwitter Ion vorliegt. Es trägt sowohl eine positive wie auch eine negative Ladung. Der pH-Wert an dem so ein Zwitter Ion vorliegt wird als der Isoelektrischer Punkt der Aminosäure bezeichnet.[8]

cation   zwitterion   anion

$$R-\overset{\overset{\displaystyle \overset{\oplus}{N}H_3}{|}}{\underset{\underset{\displaystyle H}{|}}{C}}-COOH \underset{\longleftarrow}{\overset{pK_1}{\longrightarrow}} R-\overset{\overset{\displaystyle \overset{\oplus}{N}H_3}{|}}{\underset{\underset{\displaystyle H}{|}}{C}}-COO^{\ominus} \underset{\longleftarrow}{\overset{pK_2}{\longrightarrow}} R-\overset{\overset{\displaystyle NH_2}{|}}{\underset{\underset{\displaystyle H}{|}}{C}}-COO^{\ominus}$$

low pH   pH   high pH   [9]

Die Biuretreaktion ist ein Nachweis der Peptidbindungen im Protein. Reagiert die Säuregruppe mit der Aminogruppe einer anderen Aminosäure entsteht ein Dipeptid, eine Peptidbindung.

$$R-\overset{|}{\underset{\underset{\displaystyle NH_2}{|}}{C}}H-COOH \;+\; R'-\overset{|}{\underset{\underset{\displaystyle NH_2}{|}}{C}}H-COOH \longrightarrow R-\overset{|}{\underset{\underset{\displaystyle NH_2}{|}}{C}}H-CO-NH-\overset{|}{\underset{\underset{\displaystyle R'}{|}}{C}}H-COOH$$

In Eiweißen sind die Aminosäuren auf diese Weise mit einander verknüpft.[10]

Bei der Biuret-Reaktion bilden Kupfer(II)-Ionen mit den Stickstoffatomen, welche die Ketten verknüpfen, einen farbigen Komplex. Diese Reaktion erfolgt in wässrig-alkalischer Lösung.

Peptidkette 1

Kupfer(II)-Komplex

Peptidkette 2

[11]

Der Xanthoprotein-Test ist eine Nachweisreaktion für das Vorhandensein eines Benzolringes in bestimmten Aminosäuren. Zu diesen Aminosäuren zählen Phenylalanin, Tyrosin und Tryptophan.

---

[8] Vgl. Baltes, Seite 118 bis 120
[9] http://www.periodni.com/gallery/zwitterion.png, Zugriff 14. Dezember
[10] Vgl. Baltes Seite 125
[11] Vgl. http://www.seilnacht.com/Lexikon/biuret.html, Zugriff am 14.Dezember

Der Benzolring wird zur die Zugabe von Salpetersäure nitriert. Die Nitrogruppe substituiert ein Proton der Salpetersäure. Gibt man Salpetersäure zu Eiweiß, so flockt dieses aus. Dies ist auf die Denaturierung des Eiweißes durch eine Säure zurückzuführen. Führt man nun Hitze zu, entsteht die gelbe Nitroverbindung.

Die Ninhydrinreaktion ist eine Nachweisreaktion von Proteinen. Das Ninhydrin reagiert mit der primären Aminogruppe. Aus der Aminosäure wird Kohlenstoffdioxid abgespalten und die Aminogruppe auf das Ninhydrin übertragen. Die Aminosäure wurde somit zum Aldehyd. Durch die Reaktion mit einem zweiten Molekül Ninhydrin entsteht das Produkt, welches als Ruhemanns Purpur bezeichnet wird.

---

[12] Bilder aus: http://de.wikipedia.org/wiki/Phenylalanin, http://de.wikipedia.org/wiki/Tyrosin, http://de.wikipedia.org/wiki/Tryptophan Zugriff am 14.Dezember
[13] Vgl. http://www.seilnacht.com/Lexikon/xantho.html, Zugriff am 14.Dezember

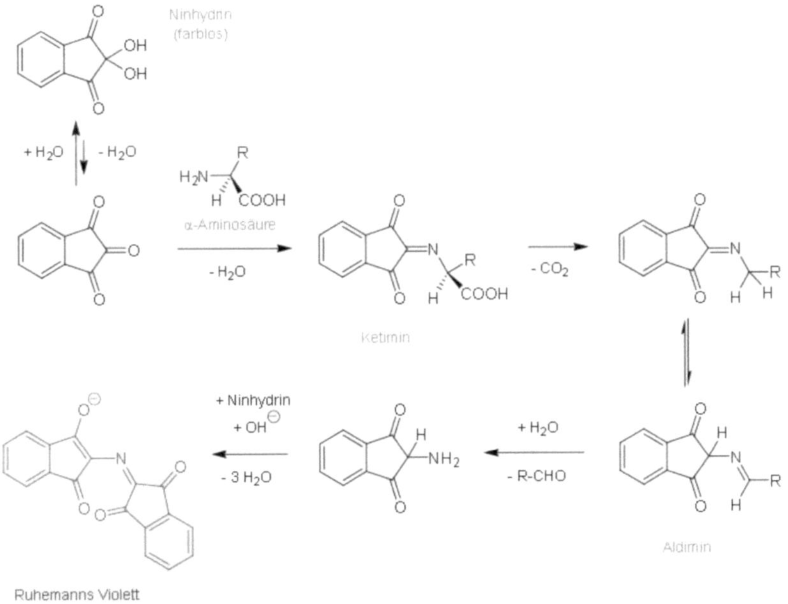

Ninhydrin (farblos)

α-Aminosäure

Ketimin

Aldimin

Ruhemanns Violett

Abb.1 | Die Ninhydrin-Reaktion [14]

Bei Aminosäuren mit sekundären Aminogruppen bildet sich ein gelbes Reaktionsprodukt.[15]

Die wässrige Eiweiß-Lösung stellt ein kolloiddisperses System dar. In diesem sind Teilchen der Größenordnung 10 – 100 Nanometer verteilt. Das Medium wird als Dispersionsmittel bezeichnet, die Teilchen als dispergierter Stoff.

Eine echte Lösung ist „optisch leer". Eine kolloide Lösung hingegen strahlt eingestrahltes Licht nach allen Richtungen, und man kann seitlich zum eingestrahlten Licht eine leuchtende Trübung erkennen. Dieser Effekt nennt sich Faraday-Tyndall-Effekt, benannt nach Michael Faraday und John Tyndall. Unsere Lösung ist eine Emulsion, das heißt sowohl das Dispersionsmedium wie auch der dispergierte Stoff sind flüssig. Die reflektierenden Teilchen sind Proteine. [16]

Didaktische Auswertung

Auch diese Versuche gehören ins Inhaltsfeld 8, Stoffe als Energieträger, der Progressionsstufe 2. Durch die verschiedenen Nachweisreaktionen geht man den Strukturformen und den funktionellen Gruppen der Proteine auf den Grund. Der Alltagsnahe Bezug hält die Motivation sehr hoch.

---

[14] Bild aus
http://www.chemgapedia.de/vsengine/vlu/vsc/de/ch/8/bc/vlu/proteinanalytik/chromatographie.vlu/Page/vsc/de/ch/8/bc/proteinanalytik/methoden_protein/ninhydrin_reaktion.vscml.html, Zugriff am 14.Dezember
[15] Vgl. http://www.axel-schunk.de/experiment/edm0009.html, Zugriff am 14.Dezember
[16] Vgl. Chemie-Basiswissen, Seite 196 bis 197

Die Xanthoproteinreaktion sollte aufgrund der eingesetzten konzentrierten Salzsäure und dem anschließendem Erhitzen nur von Lehrer durchgeführt werden. Die anderen Nachweisversuche sind als Nachweisexperiment zur Identifikation spezifischer Stoffgruppen von den Schülern selbst durchzuführen.

Dieses Themenfeld bietet es an, themenübergreifende Kollegen miteinzubeziehen. So könnte die Biologie unter anderen auf den essentiellen Charakter einiger Aminosäuren, aber auch der ungesättigten Fette eingehen, und mit dem Tyndall-Effekt kann man die Physik bedienen.

Beim Tyndall-Effekt sollte der Laser-Einsatz besonders sorgfältig überwacht werden. Hierzu bietet sich ein vom Schüler durchgeführtes Demonstrationsexperiment an.

Kohlenhydrate

Durchführungen

Stärkenachweis

a) Löse 1 g Stärke in 100 mL Wasser durch Aufkochen. Tropfe zu einer Probe der abgekühlten Stärke-Lösung einige Tropfen Iod-Kaliumiodid-Lösung. Alle natürlich vorkommenden Aminosäuren liegen in der L-Konfiguration vor.

b) Gib in je ein Reagenzglas ein Stück Kartoffel, einige Reiskörner, Nudeln und Brot, gieße jeweils etwas Wasser hinzu und erhitze. Gib nach dem Abkühlen in alle Reagenzgläser einen Topfen Iod-Kaliumiodid-Lösung hinzu.

Löse 0,5 g Stärke in 50 mL Wasser durch Aufkochen. Gib zu der abgekühlten Lösung in einem Erlenmeyerkolben 5 mL verdünnter Salzsäure und erhitze zum Sieden. Entnimm alle 5 min mit einer Pipette eine Probe und gib zu dieser nach dem Abkühlen einen Tropfen Iod-Kaliumiodid-Lösung hinzu. Wenn die Iod-Stärke-Reaktion negativ ausfällt (Gelbfärbung), neutralisiere die Reaktionslösung im Kolben mit festem Natriumhydrogencarbonat, bis es nicht mehr schäumt. Halte dann einen Glucose-Teststreifen in die Lösung.[17]

Fehling-Probe

Mische Sie 5 mL Fehling 1 (Kupfersulfat-Lösung) und 5 mL Fehling 2 (wässrige Lösung von Kaliumnatriumtartrat und Natriumhydroxid). Geben Sie 1 mL einer Glucose-Lösung, w = 10 %, zu und erwärmen Sie vorsichtig in einem heißen Wasserbad. Notieren Sie die Farberscheinungen.[18]

Beobachtungen

Stärkenachweis

Die Stärkelösung ist milchig trüb. Ein Tropfen Iod-Kaliumiodid-Lösung färbt die gesamte Lösung tief dunkelblau / schwarz.

---

[17] Sek. 1, Seite 222
[18] Sek. 2, Seite 100

	Farbänderung durch Iod-Kaliumiodid-Lösung
Gekochtes Kartoffel-Wasser-Gemisch	Dunkelblau bis schwarz
Gekochtes Reis-Wasser-Gemisch	Dunkelblau bis schwarz
Gekochtes Nudeln-Wasser-Gemisch	Dunkelblau bis schwarz
Gekochtes Brot-Wasser-Gemisch	Dunkelblau bis schwarz

Iod-Kaliumiodid-Test bei kochender Stärke-Lösung, welche mit Salzsäure versetzt wurde:

Nach 1 Minute	Schwarzfärbung
Nach 2 Minuten	Schwarzfärbung
Nach 3 Minuten	Schwarzfärbung
Nach 5 Minuten	Schwarzfärbung
Nach 7 Minuten	Gelbfärbung

Die Zugabe von Natriumhydrogencarbonat lässt das Gemisch zunächst aufschäumen. Nach weiterer Zugabe schäumt es nicht mehr. Der Glukose-Teststreifen zeigt ein positives Ergebnis.

Fehling-Probe

Durch das Mischen der beiden Lösungen entsteht eine Lösung mit tiefblauer Farbe. Die Zugabe einer Glucose-Lösung lässt die blaue Farbe verschwinden. Die Lösung erscheint zunächst gelblich. Nach kurzer Zeit wird die rötlich.

Fachliche Auswertung

Stärke nach demselben Bauprinzip wie Oligosaccharide aufgebaut, jedoch mit einem weit höheren Molekulargewicht. Der Grundbaustein der Polysaccharide ist Glucose. Stärke ist bei Pflanzen der häufigste Reservestoff. Es ist aus α -D-Glucose-Einheiten aufgebaut, die in die in 1–4- bzw. 1–6-Stellung miteinander verknüpft sind. Je nachdem, ob ausschließlich eine 1–4-Verknüpfung vorliegt oder durch eine zusätzliche 1–6-Bindung eine Verzweigung bewirkt wird, unterscheidet man zwischen zwei Bestandteilen der Stärke, der Amylose und dem Amylopektin.

Abbildung 1Amylopektin und Amylose, die Bestandteile von Stärke (dargestellt in der Haworth-Projektion)

Die Amylose bildet eine Helix, die je Windung 6 bis 7 Glucose-Einheiten besitzt. In diese „Röhre" können sich Iod-Moleküle einlagern, was durch eine intensive blau Färbung zu beobachten ist.[19]

Cellulose besitzt ausschließlich 1-4-verknüpfte Glucose-Einheiten und bildet lange Ketten. Hier ist keine Reaktion mit Iod-Kaliumiodid-Lösung zu erwarten.[20]

Iod liegt in Wasser nicht molekular vor, sondern bildet Polyiod-Anionen.

$$ I^- + I_2 \rightleftharpoons [I_3]^- $$

Aufgrund der ungleichen Bindungsabstände der Iod Atome ist dieses Iod/Iodid-Assoziat ein Charge-Transfer-Komplex. Die Elektronen in diesem Komplex sind leicht anzuregen, woraus eine dunkelbraune Farbe der Lösung resultiert. In die Helix der Stärke eingelagert kann die Stärke als Donator-Molekül fungieren, was eine Färbänderung ins tiefblaue verursacht.[21]

Brot, Reis, Nudeln und Kartoffeln enthalten alle Stärke. Daher fiel bei allen Proben der Iod-Kaliumiodid-Test positiv aus.

Säure ist ein chemischer Katalysator für die Hydrolyse der Glucosidbindung. Die Kohlenstoff-Sauerstoff-Bindung zwischen den Glucose-Bausteinen wird durch die Säure gespalten. Nach einiger Zeit sind die Bruchstücke so klein, dass der Stärkenachweis negativ ausfällt. Um den Glucose-Schnelltest nicht zu verfälschen wird die Lösung neutralisiert. Der Positive Teststreifen beweist, dass die Stärke unter Hitze und katalytisch wirkender Säure zu Glucose gespalten wurde.[22]

Fehling-Probe

Nach dem mischen von Fehling 1 und Fehling 2 nimmt die Lösung eine dunkelblaue Farbe an. Sie ist das Ergebnis einer Komplexbildung der Kupfer-(II)-Ionen mit den Tartrat-Ionen.

Nach der Zugabe der 10 prozentigen Glucose-Lösung tritt die Reaktion beim Erwärmen ein. Die Kupfer-(II)-Ionen werden erst zu Kupfer(I)-hydroxid (CuOH) reduziert, und dann zu Kupfer(I)-oxid (Cu2O) umgelagert, beobachtbar an dem Farbumschlag zuerst zu gelb und dann zu rot/orange.

$$ 2 \underset{blau}{\overset{2+}{Cu}}(aq) + R - \overset{+1}{C}\underset{OH}{\overset{H}{\diagdown}}(aq) + 4\ OH^-(aq) $$

$$ \overset{\Delta}{\longrightarrow} \underset{rot}{\overset{+1}{Cu}O_2}(s) + R - \overset{+III}{C}\underset{O}{\overset{OH}{\diagup}}(aq) + 2\ H_2O\ (\ell) $$

Dieser Test gilt als Nachweisreaktion für Aldehyde, wie es bei der offenen Struktur von Glucose der Fall ist.

[19] Vgl. Baltes, Seite 104 bis 106
[20] Vgl. Baltes, Seite 111
[21] Vgl. http://www.chemieunterricht.de/dc2/mwg/g-iodsta.htm, Zugriff am 14.Dezember
[22] Vgl. http://www.chemieunterricht.de/dc2/kh/disacch-hydrol.htm, Zugriff am 14.Dezember

Diese offene Struktur liegt im Gleichgewicht mit der Ringform vor, sodass der Test positiv ausfallen kann.[24]

Didaktische Auswertung

Diese Versuche lassen sich in zwei Inhaltsfelder einordnen. Zum einen in das Inhaltsfeld 8, Stoffe als Energieträger, da Zucker und Stärke lange Kohlenwasserstoffketten sind. Auch hier bietet es sich an ihre Strukturformel genauer zu untersuchen, um anschließend mithilfe der funktionellen Gruppen ihr Reaktionsverhalten zu analysieren.

Zum anderen passen diese Versuche in das Inhaltsfeld 9, Produkte der Chemie, da hier Makromoleküle der Natur besprochen werden. Die Ester der Stärke können analysiert werden, sowie deren Hydrolyse.

Der Stärkenachweis ist als Schülerversuch zu werten. Hier können die SuS selbst mitgebrachte Lebensmittel auf ihren Stärkegehalt untersuchen. Dies sind Nachweisexperimente auf spezifische Stoffgruppen.

Der sehr alltagsnahe Bezug sorgt für große Motivation. Auch hier bietet es sich an, fachübergreifend Anknüpfungspunkte zu suchen. So leitet die Säurehydrolyse von Stärke geradezu ein, in Biologie das Thema Diabetes und in Gesellschaftskunde deren Folgen auf das Krankensystem zu erläutern. Dieses Experiment ist ein klassisches Modellexperiment, da hier die Zersetzung im Magen vorgeführt wird.

Die Fehling-Probe sollte vom Lehrer vorgeführt werden, da hier ein korrektes Arbeiten gefordert ist. Das Erhitzen erfordert Geduld.

---

[23] Bild von http://www.chemieunterricht-interaktiv.de/molekuele/zucker/glucose.gif, Zugriff am 14.Dezember
[24] Vgl. http://www.chemie.de/lexikon/Fehling-Probe.html, Zugriff am 14.Dezember

Quellen

Tausch, von Wachtendonk: Chemie 2000+, Sekundarstufe 1, C.C. Buchner Verlag, Bamberg 2010

Tausch, von Wachtendonk: Chemie 2000+, Sekundarstufe 2, C.C. Buchner Verlag, Bamberg 2007

Hans Peter Latscha, Helmut Alfons Klein, Martin Mutz: Allgemeine Chemie, Chemie-Basiswissen 1, 10. Auflage im Springer-Verlag

Werner Baltes – „Lebensmittelchemie" - 6. Auflage im Springer-Verlag

Kernlehrplan für die Realschule in Nordrhein-Westfalen, Fach Chemie, Stand 07.07.2011

Gefahrstoffliste GUV-SR 2004

http://www.chids.de/dachs/expvortr/639/lecithine.htm

http://eng.thesaurus.rusnano.com/wiki/article1199

http://www.periodni.com/gallery/zwitterion.png

http://www.seilnacht.com/Lexikon/biuret.html

http://de.wikipedia.org/wiki/Phenylalanin,

http://de.wikipedia.org/wiki/Tyrosin

http://de.wikipedia.org/wiki/Tryptophan

http://www.seilnacht.com/Lexikon/xantho.html,

http://www.chemgapedia.de/vsengine/vlu/vsc/de/ch/8/bc/vlu/proteinanalytik/chromatographie.vlu/Page/vsc/de/ch/8/bc/proteinanalytik/methoden_protein/ninhydrin_reaktion.vscml.html,

http://www.axel-schunk.de/experiment/edm0009.html

http://www.chemieunterricht.de/dc2/mwg/g-iodsta.htm

http://www.chemieunterricht.de/dc2/kh/disacch-hydrol.htm

http://www.chemieunterricht-interaktiv.de/molekuele/zucker/glucose.gif

http://www.chemie.de/lexikon/Fehling-Probe.html,